Mein Balkonkraftwerk

Die Antwort auf

explodierende Strompreise

FSC
www.fsc.org
MIX
Papier aus verantwortungsvollen Quellen
Paper from responsible sources
FSC® C105338

Mein Balkonkraftwerk

Die Antwort auf

explodierende Strompreise

Auflage 1. September 2022

J.R. Lucas Wolf

Inhalt

Vorwort

Lucas Wolf immigriert mit seiner Familie in den 1960 Jahren nach Deutschland, wo er seine Schulausbildung absolviert und wenig später eine Ausbildung als Elektroinstallateur macht. Viel später erst wechselt Lucas Wolf in die Stromerzeugung.

Bereits in jungen Jahren fasziniert Lucas Wolf die Elektrotechnik. Strom kann auf Menschen eine große Faszination ausüben. Bei Lucas Wolf hält diese Faszination bis in die Gegenwart an. Eventuell hängt das mit seiner Ausbildung zusammen, wo Lucas Wolf sämtliche Geheimnisse der Elektrotechnik erfährt. In der Gegenwart betreibt Lucas Wolf nur ein kleines Balkonkraftwerk. In normalen Zeiten wohl nicht der Rede wert!

Doch haben sich auf der Erde in den letzten beiden Jahren ganz plötzlich Dinge geändert, die wohl niemand vorhersagen konnte. Eine weltweite Pandemie (Coronavirus), Ukraine-Krieg und der Klimakatastrophe. Alles Dinge, die in ganz Europa zu Unsicherheit und einer Inflation führen, die auch außer Kontrolle geraten kann! In der Summe führen alle diese Gründe zu höheren Preisen und dies nicht nur auf dem Rohstoffmarkt. Die Preise für Gas, Rohöl, Heizöl, Benzin, Diesel, Kupfer und Strom. Explodieren gerade.

Lebensmittelpreise kennen in heutigen Tagen nur eine Richtung, die nach oben.

Welcher Zusammenhang besteht aber zwischen dem Balkonkraftwerk von Lucas Wolf und den nun stark ansteigenden Energiepreisen?

Das Balkonkraftwerk von Lucas Wolf kann einen kleinen Beitrag dazu leisten, weniger Emissionen in die Luft zu befördern. Mit einem guten Beispiel voranzugehen.

Ein Blick in die Zukunft kann hier Wunder bewirken. Immer mehr erwärmt sich die Erde und die Tage, an denen keine Sonne scheint, gehen drastisch zurück! Also gute Nachrichten für alle Balkonkraftwerks-Betreiber. Die Nachteile der einen sind die Vorteile der anderen.

Wenn man es richtig deutet, sind es gerade sehr gute Zeiten für Solaranlagen, egal welchen Typ. Ideale Voraussetzungen, um auch im privaten Bereich etwas für die Umwelt zu tun und zum anderen die Kostenexplosion etwas zu reduzieren.

Lucas Wolf ist schon klar, dass ein einzelnes Balkonkraftwerk nicht die Probleme der Welt retten kann. In der Summe, wenn viele private Leute oder auch Unternehmer sich für ein kleines Balkonkraftwerk entscheiden würden. Einiges Bewirken könnten.

Wie im wirklichen Leben ist es, Kleinvieh macht auch Mist.

Faszinierend ist es, wie schnell man von der

Elektrotechnik zur Mathematik gelangt.Vollständige Angaben über machbare Leistung und den möglichen Gewinn, der erzielt werden kann, folgen!

Einleitung/Kapitel 1

Zuerst einige Antworten auf Fragen, die am meisten gestellt werden. Gibt es doch nichts Schlimmeres, als wenn man sich auf ein neues Terrain begibt, ohne vorab gewisse Informationen eingeholt zu haben. An dieser Stelle der Hinweis, wenn keine elektrotechnischen Grundkenntnisse vorhanden sind, sollte man sich besser bei der Errichtung der PV-Anlage, jemanden dazu holen. Der eine gewisse Kenntnis im Bereich Elektrotechnik vorzuweisen hat.

Tatsächlich kommt es am Ende darauf an, wie kompliziert das Balkonkraftwerk werden soll. Das Sortiment ist riesig und es gibt nichts, was es nicht gibt. Von klein und praktisch über umfangreich und unglaublich! Mit und ohne Speichermöglichkeit.

Im großen und ganzem kommt es darauf an, welchem Zweck die Anlage dient. Auch, welche Leistung benötigt wird.
Überdies, ob eine gewisse Unabhängigkeit (Autarkie) erreicht werden soll?
Man darf sich nichts vormachen, eine Autarkie kostet Geld.
Die rechtlichen Rahmenbedingungen sind als gut zu bezeichnen. Balkonkraftwerke bzw. PV-Anlagen, egal welcher Art, werden subventioniert. Das bedeutet für den Verbraucher, dass er vom Staat (KFW) Geld für seine Anlage erhält. Am besten gleich bei der KFW anrufen und sich ausgiebig darüber informieren lassen.

Fakten, Fakten und Fakten. Nun zu Frage1: Muss ich meinen Vermieter zuerst, um eine Erlaubnis bitten?
Ja, zuerst muss die Erlaubnis beim Vermieter eingeholt werden.
Wer darf ein Balkonkraftwerk aufstellen?

Bis zu einer Leistung von 600 Watt jeder. Ab 1 Kilowatt sollte die Installation von einem Fachmann installiert werden.

Was für Typen von Balkonkraftwerken gibt es?
Komplett mit Wieland Einspeisesteckdose, Schukostecker und sofort betriebsbereit oder ausbaufähig nicht sofort Start klar.

Braucht man eine Genehmigung für ein ‚Balkonkraftwerk?
Ganz klar nein.

Erneuerbaren Energie Gesetz (EEG)
Nein, eine Genehmigung vom Netzbetreiber ist nicht notwendig. Ab 1 Kilowatt wird die Anlage erst meldepflichtig. Keine Genehmigung, aber das Baurecht muss hier wegen eventuellen Denkmalschutz Beachtung finden.
Bis zu einer Leistung von 600 Watt kann die

Installation des Balkonkraftwerks selbst durchgeführt werden. Das ist gleichzeitig die Grenze 600 Watt und hiermit ist die Einspeiseleistung in das Hausnetz gemeint. Maßgeblich ist jedoch die Leistung vom Modulwechselrichter, die darf die 600 Watt Einspeiseleistung nicht überschreiten. Keine Unterschrift im Inbetriebnahmeprotokoll notwendig.

Bei 10 KW liegt die Bagatellgrenze, bis zu dieser ohne eine Besteuerung der EEG-Umlage. Über 10 KW wird der Eigenverbrauch mit einer EEG-Umlage bereits versteuert.

Bereits bei einer Laufzeit zwischen 10 - 20 Jahren amortisiert sich die Anlage.

Was kostet ein Balkonkraftwerk? Ab 150 € bis unendlich!
Wo bekommt man ein fertiges Balkonkraftwerk?

Amazon, Ebay, GreenAkku.

Und wird es gefördert?
Ja, bei der KFW.

Wie hoch ist die Förderung?
Dies ist sehr unterschiedlich, siehe Kapitel 3.

Wie viel Leistung darf ein Balkonkraftwerk überhaupt besitzen?
Von 600W -10KW.
Wichtig ist, die 600 Watt Max-Einspeiseleistung ins Hausnetz.

Wie sieht es es steuerlich aus?
Muss das kleine Kraftwerk auch besteuert werden?
Ja/nein ...ab 10 KW!

Muss das kleine Kraftwerk auch abgenommen werden?
Bis 1 KW nicht.

Ist so eine kleine PV-Anlage sicher?
Ja, mit Prüfsiegel und TÜV.

Kann man damit auch ins Netz einspeisen?
Ja, nur die Einspeisung ins öffentliche Stromnetz lohnt nicht, da die Vergütung für den eingespeisten Strom zu gering ist.

Braucht man eine Versicherung dafür?
Keine extra, die Hausratversicherung reicht. Am besten mit seiner Hausratversicherung darüber sprechen.

Kapitel 2

Man darf sich nichts vormachen, alles, was mit Strom zu tun hat, ist kein Spielzeug.
Das bedeutet: Nur ein Balkonkraftwerk in Betrieb zu nehmen von bekannten oder seriösen Firmen. Bitte keinen Asien-Mist.
Hier gleich der Hinweis: Wer billig kauft, der kauft zweimal.
Überdies: Die Anlage so aufzustellen, dass sie Mensch und Tier nicht gefährdet. Sollten kleine Kinder im Haushalt vorhanden sein, die Kinder vor der Anlage schützen. Das kann dadurch erreicht werden, dass man die Anlage von Kindern abschirmt und abgrenzt. Unfälle sollten somit verhindert werden. Die PV-Anlage so aufstellen, dass sie niemanden stört und darüber hinaus auch nicht behindert.

Plug-and-play Geräte sind mit Abstand zu bevorzugen, da diese den wenigsten Aufwand bedeuten. Einmal richtig aufgestellt, bemerkt man gar nicht, dass sie vorhanden sind. Überdies machen diese Systeme am wenigsten Ärger und sind auch bereits erprobt.
Nach Inbetriebnahme des Kraftwerks, sollte man einige seiner Verbraucher einschalten, um keinen Strom zu vergeuden. Und um die Leistungsfähigkeit der Anlage gleich einmal zu testen. Hat man einmal herausgefunden, welche elektrische Verbraucher man damit betreiben, möchte, stellt man gleich fest, ob die Leistung ausreicht oder einer Erweiterung bedarf.
An dieser Stelle der Hinweis: Falls eine Speicherung der elektrischen Energie vorgesehen ist, gleich am Anfang, die Anlage so zu bemessen, dass sie groß genug ist. Um eine gewisse Autarkie zu erreichen.
Das bedeutet: Falls es zu einem sogenannten Black-out der Stadtwerke kommt, man diese

Zeit, bis der Strom wieder zugeschaltet wird, gut überbrückt.

Was braucht man?

Hat man sich für ein Komplettsystem entschieden, ohne Speicherung, so betragen die Kosten ca. 500 €.

Leistung: ca. 150 Watt – 300 Watt pro Stunde.

Tagesleistung: 150 Watt x 5 Stunden = 750 Wattstunden.

Bzw. 300 Watt x 5 Stunden =1500 Wattstunden oder 1,5 Kilowattstunden.

Leistung Max: 10KW x 5 Stunden= 50 kWh.

Anlage bei GreenAkku: 410 WP -479 €, mit Einspeisung ins Hausnetz, inklusive 12 Jahre Garantie.

Komplettsystem mit Speicherung ca. 500 € +200 €. Darin die Batterie 100Ah + Kabel und Laderegler. Leistung ca. 150 Watt pro Stunde. Bedeutet mehr Arbeit!

Sehr flexibel ist das System und lässt sich bis zu einer Leistung von 10 KW beliebig erweitern!

Einzig was begrenzt sind die Kosten für so eine PV-Anlage und der vorhandene Platz, auf, dem Balkon oder Garten.

Man braucht: 1 x Komplettsystem ca. 500 €. Mit einer Leistung von 300 – 600 Watt pro Stunde. Das ist auch gleichzeitig die Anlage, die Lucas Wolf empfiehlt. Mit so einer Anlage hat man geringe Kosten bei der Anschaffung. Wartungskosten dürften gegen null tendieren! Einzig ein Stromzähler ist noch zu empfehlen, der aufzeichnet, welche Leistung tatsächlich eingespeist bzw. verbraucht wird. Die Kosten für den Stromzähler betragen einmalig ca. 25 €! (Amazon, Ebay).

Lucas Wolf sagt: „Diese Anlage ist fast beliebig erweiterbar und für kleines Geld zu haben.“ „Man nicht vergessen darf, dass der Statt sich an den Kosten beteiligt!“„Obendrein der Strom, der eingespeist wird, nicht versteuert wird.“

So eine PV-Anlage zwischen 10 und 25 Jahre hält. Werden die anfallenden Kosten durch 10 bzw. 25 Jahre geteilt. Zieht man die KFW Förderung für die Anlage noch ab, erhält man ein durchaus günstiges Angebot.

Komplettsystem mit Batteriespeicherung: Das System ist mehr für Menschen gedacht, die sich mehr auskennen und darüber hinaus einen höheren Leistungsbedarf besitzen.
Eine Anlage besteht aus: Solarpanel, 150 – 600 Watt pro Stunde.
Eine bis fünf x 100 Ah Batterien.
Bis zu 500 Ah Speicherung und ca. 6KW Leistung.
Wobei man nicht mehr als 3000 Watt bzw. 3 KW den Batterien entnehmen darf. Pro Stunde natürlich!
Das entspricht in etwa der Solarleistung pro Tag.
Gleich hier zeigt sich aber der große Nachteil der Anlage! Die hohen Kosten für Batterien und Kabel.

Bei 5 x 100 Ah. =5 x 100 € = 500 € nur für die Batterien!

+ 5 x Anschlussklemmen a 5 €= 25 €

+ 5 x Anschlusskabel a 8 €= 40 €

1 x Batteriespannung - Messgerät 12 Volt= 12 €

577 € gesamt.

Lucas Wolf geht von ganz „normalen Solar-Batterien" aus. Bei LiFePeo4 Batterien sieht die Rechnung noch viel dramatischer aus. Alles noch einmal x 5 der Kosten!

577€ normale Batterien.

500 x 5= 2500€ + 77€= 2577€

Weniger der KFW – Förderung!

Bereits bei einer Systemleistung zwischen 150 Watt pro Stunde und 600 Watt pro Stunde. Kann man ganz deutlich erkennen, dass die Kostenspirale sich nach oben bewegt!

Die Kosten für Batterien sind einfach zu hoch!

Eine gewisse Autarkie kostet ihren Preis.

Ein weiterer Nachteil das hohe Gewicht der Batterien und den Platz den man dafür braucht.

Man darf nicht vergessen, so eine Batterie wiegt immerhin 20 KG. Das x 5= 100KG Mehrgewicht auf dem Balkon!
Diese Anlage wird von Lucas Wolf definitiv nicht bevorzugt!
Großer Vorteil einer solchen Anlage ist jedoch, sie ist fast beliebig erweiterbar. Da nicht in das Hausnetz eingespeist wird und somit die Grenze von 600 Watt Leistung überschritten werden darf.
Ein weiterer Vorteil kann es sein, den Strom in sogenannten Powerstation zwischenzuspeichern. Eine Kombination bestehend aus einem Solarpanel und einer Powerstation.
Eine weitere Möglichkeit besteht darin, nach Sonnenuntergang seine Powerstation an der Solarbatterie aufzuladen. Mit entsprechendem Equipment ist vieles denkbar.
Dadurch günstiger wird die Anlage nicht, man hat nur mehr Möglichkeiten den Strom zu speichern.

Powerstation: Sehr flexibel, da sehr vielseitig verwendbar.
Kostenpunkt: ca. 90 € -700 € je nach Größe.
Leistung: von 100 Wattstunden – 700 Wattstunden und darüber. Kann eine Spannung zwischen 5Volt und 230 Volt liefern.
Gedacht, um vor allem kleine Verbraucher aufzuladen oder für kurze Zeit zu betreiben. Gut für den mobilen Einsatz zu gebrauchen beim Campen oder Zelten.
Mögliche Verbraucher: Laptop, Tablett, Smartphone, Lampen, Lautsprecher, Kopfhörer, Router, Ventilatoren usw.

Kapitel 3

Solaranlagen funktionieren auch ohne direkte Sonneneinstrahlung und im Schatten. An bewölkten Tagen ohne Sonnenstrahlung produziert die Fotovoltaikanlage noch
15 - 25 % der normalen Leistung. Für die Stromproduktion ist vorrangig das Licht wichtig, dieses steht auch zur Verfügung, wenn die Sonne gerade nicht scheint.
Umgekehrt kann an sehr heißen Tagen, wenn die Sonne stark scheint. Durch eine starke Überhitzung sogar die Stromproduktion um ca. 25 % sinken! Die Temperatur der Solarmodule sollte an so heißen Tagen kontrolliert werden.
Am Ende hat man auch die Möglichkeit, einfach den Stecker zu ziehen!

Durch Teil Verschattung produziert eine Solaranlage viel weniger als sie produzieren könnte, das sollte auf jeden Fall verhindert werden. Eine Bypass Diode verhindert schlimmeres. Diese sind für gewöhnlich bereits in den Solarmodulen eingebaut.

Im Winter kann eine Solaranlage nur noch 30 – 35 % der üblichen Leistung liefern.

Wichtig zu wissen: Die Solaranlage kann nachts keine Energie produzieren. Die Anlage kann einfach nachts nicht funktionieren, da ihr schlichtweg das Licht dazu fehlt.

Speicherung der Energie: Gerade nachts wünscht man sich so sehr, man würde am Tag genügend Energie gespeichert haben, um nachts ausreichend Energie zu besitzen. Und die Festbeleuchtung in Betrieb nehmen. Das kann als sinnvolle Erweiterung durchaus einen Unterschied machen.

Besonders, sollten die eigenen Stadtwerken einen Black-out produzieren. Eine Investition würde sich in einem solchen ungünstigen Fall sofort bezahlt machen. Deshalb sollte bei der Planung einer PV-Anlage dies von Anfang an mit in die Planung einbeziehen. Eventuell lohnt es sich doch den einen oder anderen Euro mehr auszugeben.

Steigende Strompreise: In Zeiten knapper Energie und Preise dafür, die durch die Decke gehen, als wenn es kein Morgen mehr gibt! Verwundert es einen nicht, wenn der „kleine Mann“ auf diese Idee kommt, sein eigenes Kraftwerk zu errichten. Und sei dieses auch nur ein kleines Balkonkraftwerk mit einer überschaubaren Leistung. Einig sind sich aber alle, es muss etwas gegen diese hohen Strompreise getan werden. Da in absehbarer Zeit (nächsten 5 Jahren) ein deutlicher Rückgang der Strompreise wohl eher nicht zu erwarten ist. Zu viele Faktoren sprechen eindeutig dagegen.

Ein einfaches Beispiel: Die Inflation bewegt sich Richtung 10 %. Man muss kein mathematischer Genius sein, um zu erraten, wohin sich die zukünftigen Strompreise bewegen werden. Eindeutig und nachhaltig nach oben. Damit es klar verstanden wird, sollte sich das Angebot an Energie sogar verringern, weil die Umstände entsprechend sind durch sozialen Unruhen, Firmen sterben, und Monopolisierung. Neue Höchststände nicht weit entfernt sind und sogar neue Rekordpreise bei Strom zu erwarten sind.

Was kann man selbst machen?
Erstens: Zuerst sollte man nach einem günstigen Stromanbieter aus Schau halten. Hat man diesen gefunden, ist das bereits die Hälfte der Miete.

Zweitens: Stromfresser entlarven! Seine Stromverbraucher, von denen man etliche besitzt, auf Wirtschaftlichkeit überprüft.

Soll bedeuten: Ist ein Stromfresser entlarvt, sollte man in ersetzen durch einen, der weniger Strom verbraucht. Unnötige Verbraucher abschaltet. Neue Verbraucher erst auf Wirtschaftlichkeit und Sinn überprüft.

Balkonkraftwerk: Am Ende mag sogar das kleine Balkonkraftwerk einen gewissen Sinn ergeben. Hier kommt es tatsächlich darauf an, wie viel Leistung die PV-Anlage liefert oder speichert. Eine Anlage unter 600 Watt pro Stunde wird für keine richtige Entlastung auf der Kostenseite sorgen. Dafür ist der, Ertrag der generiert, wird einfach zu gering.
Einfache Rechnung: 600 Watt pro Stunde x
5 Stunden = 3000 Watt, das sind 3 Kilowatt
am Tag!
3 Kilowatt stand September 2022 kosten:
3 x 0,38 Cent = 1,14 € pro Tag!
Bei 180 Tagen ergibt das die stolze Summe von 205,20 €.
Natürlich ist das nicht viel, aber bereits ab

600Watt hat man eine kleine Entlastung. Man deckt hiermit bereits seine Grundlast ab. Die im Allgemeinen zwischen 200 Watt und 500 Watt liegt. Zusätzlich hat man etwas für die Umwelt getan.
Wer aber viel mehr investiert und alle Möglichkeiten der staatlichen Förderung ausschöpft. Möglicherweise nicht nur höhere Erträge erhält, sondern auch eine gewisse Autarkie. Deshalb sollte man, sich bevor man einen Euro, ausgibt umfangreich informieren. Lieber einmal mehr informiert als schlecht investiert!

Wissen: Auch wenn das Balkonkraftwerk den Effekt bringt, den man sich so sehr wünscht, darf man nicht außer acht lassen, dass man auch etwas für seinen Intellekt macht. Sich informiert über Batteriespeicher, Solarmodulen, Wechselrichter, Kabel, Adapter, Messgeräte und Powerstation. Eventuell sogar einen eigenen Schaltplan entwirft!

Mit Sicherheit darf nicht vergessen werden. Man kann jetzt von sich behaupten, sich mit Solar und Strom etwas auszukennen. Eventuell reicht es ja, um andere neugierig zu machen oder gar davon zu überzeugen. Dem guten Beispiel zu folgen.

Der Schlusspunkt: Am Schluss bleibt nur noch zu sagen, jeder kann seinen Stromverbrauch senken. Nur wollen muss er es. Jeder selbst muss entscheiden wie viel er bereit ist für Strom (Energie) zu bezahlen. Und ob es sich für ihn lohnt mal darüber nachzudenken seinen Verbrauch etwas zu senken. Die Zeiten sind nicht so gut und wie die Zukunft aussieht mag niemand vorherzusagen. Eines gilt als sicher, die Strompreise kann man als „kleiner Mann“ nicht beeinflussen.

Kapitel 4

Ergänzung: Anlage von Lucas Wolf: Kommt ohne eine Einspeisung in das Hausnetz aus. Kann bis zu 4 Sonnenstunden am Tag speichern, steht aber den Rest des Tages im Schatten. Daher lohnt eine große Anlage nicht! Bestehend aus 2 x 100 Watt + 2 x 120 Watt Solarmodulen. Gesamtleistung: = 440 Watt.

Dazu : 1 x 120 AH Solarbatterie, 1x Autobatterie 44 AH.

2 x Powerstation mit einer Gesamtleistung von 530 WH.

2 x Wechselrichter mit einer Gesamtleistung von 3000 Watt.

Die Anlage ist mit der Zeit gewachsen, im Vordergrund steht eindeutig die Flexibilität. Auch die Tatsache, dass eine

Schatten-PV-Anlage durchaus genügend Strom erzeugt!

An guten Tagen liefert die Anlage ganze 400 Wh. Obwohl, nicht immer alle Solarmodule aufgestellt sind. Auch die Module den eigentlich den ganzen Tag über im Schatten liegen.

Ob sich so eine Anlage rechnet wohl eher nicht.

Bei einer Jahresleistung von 400 Wattstunden x 180 Tagen= 72000 Wattstunden.

Einem Preis von 0,38 Cent pro Kilowatt.

72 x 0,38 Cent = 27,36 € Jahresertrag!

Würde die gleiche Anlage den ganzen Tag in der Sonne stehen, könnte man folgende Leistung erhalten:

440 Watt x 5 Stunden = 2200 Wattstunden.

2200 Wattstunden x 180 Tagen= 396000 Wattstunden.

396000= 396 Kilowattstunden x 0,38 Cent= 150,48 € Jahresertrag. Was für einen Unterschied!

Unbezahlbar bleibt das Knowhow über die Anlage und das Verhalten der Solarmodulen bei Änderung des Wetters. Die unterschiedlichsten Schaltungen, die möglich sind.

Auch die Erkenntnis, dass ein Solarmodul im Schatten immer noch ca. 30 % der Leistung liefert.

Das eine Autobatterie kurzzeitig viel Leistung abgibt!

Eine Batterie im Allgemeinen dazu dienen kann eine gewisse Durststrecke zu überstehen.

Dass, es sich bei einer Batterie um einen Speicher handelt. Egal ob optimiert als Solarbatterie oder als Autobatterie.

Am Ende geht es um das Speichern von Energie. Um das nutzbar machen von Energie. Egal, wofür und wo man die Energie braucht.

Genial ist, es handelt sich immer darum, ein paar Sonnenstrahlen bzw. Licht einzufangen und später in nutzbare Energie umzuwandeln.

Das Wissen darüber gilt als unbezahlbar. Einfach nur genial!

Kapitel 5

KFW: Wen fördern wir?

Mit dem Förderprodukt Erneuerbare Energien – Standard fördern wir:

In- und ausländische private und öffentliche Unternehmen – unabhängig von der Größe.

Körperschaften und Anstalten des öffentlichen Rechts, kommunale Zweckverbände.

Privatpersonen und gemeinnützige Antragsteller. Sie müssen zumindest einen Teil des erzeugten Stroms oder der erzeugten Wärme einspeisen.

Genossenschaften, Stiftungen und Vereine, Freiberufler, Landwirt.

Für Vorhaben im Ausland:

Deutsche private Unternehmen und deren Tochtergesellschaften im Ausland.
Joint Ventures mit maßgeblicher deutscher Beteiligung im Ausland.
In Deutschland tätige Freiberufler.

Förderung für Fotovoltaikanlage.
Die KfW fördert Ihre Fotovoltaikanlage mit dem zinsgünstigen Kredit Erneuerbare Energien – Standard (270).
Für Zuschüsse sprechen Sie bitte das Landesförderinstitut Ihres Bundeslandes an oder nutzen Sie die Förderdatenbank des Bundesministeriums für Wirtschaft und Klimaschutz.

Das Wichtigste in Kürze.
Kredit ab 2,98 % Effektivem Jahreszins.
Für Anlagen zur Erzeugung von Strom und Wärme, für Netze und Speicher. Für Photovoltaik, Wasser, Wind, Biogas und vieles mehr.

Kredithöhe und Auszahlung.
Bis zu 50 Mio. Euro pro Vorhaben.
Bis zu100 %Ihrer Investitionskosten.
100 %Auszahlung.
Abrufbar innerhalb von 12 Monaten nach Zusage wahlweise in einer Summe oder in Teilbeträge. Bereitstellungsprovision 0,15 % pro Monat beginnend 6 Monate und 2 Bankarbeitstage nach Zusage.

Rückzahlung:
Während der tilgungsfreien Zeit zahlen Sie nur Zinsen – danach gleich hohe viertel jährliche Raten zuzüglich Zinsen auf den noch zu tilgenden Kreditbetrag.
Sie können Ihren Kredit ganz oder teilweise außerplanmäßig tilgen – gegen Zahlung einer Vorfälligkeitsentschädigung.
Für Privatpersonen, Unternehmen und öffentliche Einrichtungen.
Hier finden Sie schnell Antworten auf viele Fragen.

Kann ich für meine Fotovoltaikanlage auch einen Zuschuss beantragen?

Für Zuschüsse sprechen Sie bitte das Landesförderinstitut Ihres Bundeslandes an oder nutzen Sie die Förderdatenbank des Bundesministeriums für Wirtschaft und Klimaschutz.
Die KfW fördert Ihre Fotovoltaikanlage mit einem zinsgünstigen Kredit.

Kann ich als Privatperson einen Kredit für meine Fotovoltaikanlage beantragen?
Ja. Sie sind als Privatperson antragsberechtigt, wenn Sie einen Teil des erzeugten Stroms einspeisen oder verkaufen.
Ein Einspeisevertrag ist nicht zwingend erforderlich.

Kann ich einen Zuschuss für eine Wallbox beantragen?
Wo stelle ich den Antrag und muss ich eine bestimmte Antragsfrist einhalten?

Den Antrag stellen Sie bei einem örtlichen Kreditinstitut Ihrer Wahl, bevor Sie mit Ihrem Vorhaben beginnen - also bevor Sie einen wesentlichen rechtlich bindenden Vertrag, zum Beispiel einen Kaufvertrag, schließen.

Kann die Mehrwertsteuer mitfinanziert werden
Ja, die Mehrwertsteuer können Sie mitfinanzieren, wenn Sie nicht vor steuer-abzugsberechtigt sind.

Muss ich Eigenmittel einsetzen?
Nein. Wir empfehlen Ihnen Eigenmittel einzusetzen, denn dadurch wird Ihre Bonität besser beurteilt.

Nachtrag

Egal, wie gern man den Planeten retten möchte, am Ende entscheidet auch das eigene Portemonnaie darüber, für welche Leistung und Ausstattung der Solaranlage man sich entscheidet. Um einen kleinen Beitrag zu leisten, die Welt zu retten.

Überdies dafür zu sorgen, dass Generation nach uns diesen Planeten bewohnen können. Geld scheint also ein großer Faktor zu sein. Die Frage, die man sich an dieser Stelle stellen muss, lautet:

Wird es am Ende am Geld scheitern?

Gemeint ist die Rettung unseres Planeten. Eines gilt als sicher, ohne eine größere Kraftanstrengung aller, wird es am Ende nicht reichen.

Nein, viel Geld bedarf es nicht, um den Planeten zu retten, doch vieler Ideen und noch viel mehr Anstrengungen. Der kleine Man geht als gutes Beispiel voran und zeigt den Großen (Industrie), wie es gehen kann. Die Industrie ist hiermit gemeint, die ein Vielfaches von dem ausstößt, was der kleine (Private) überhaupt ausstoßen kann.
Wenn, alle Parteien am gleichen Strang ziehen und jeder größten Anstrengungen auf sich nimmt. Sollte das Projekt, die Welt zu retten am Schluss tatsächlich gelingen.
Kleine Balkonkraftwerke können tatsächlich nur einen kleinen, aber vielleicht entschiedenen Impuls geben. Auch geht es in die richtige Richtung. Dezentral statt zentral. Lieber viele kleinere Kraftwerke statt einige große. Geringer Ausstoß bedeutet auch eine höhere Lebensqualität. Wie man mit einem verhältnismäßig kleinen Budget ein Maximum herausholen kann. Nicht nur um steigende Energiekosten darf es gehen.

Andere Faktoren wie Umwelt und Mensch müssen in dieser Gleichung Platz nehmen. Viele Möglichkeiten gibt es, um ein sich anbahnendes Problem zu begegnen. Lösungen dafür sind nie einfach zu finden. Hat man das Problem einmal als solches identifiziert, steht einer Problemlösung nicht mehr viel im Weg. Energie wird auf der ganzen Welt knapp und wir müssen zuerst einmal lernen, damit, richtig umzugehen. Mit der richtigen Einstellung sollte es möglich sein, die Zukunft neu zu gestalten. Neue Wege aufzuzeigen und diese konsequent zu gehen. Abhängigkeit von fossilen Brennstoffen zu beenden und Lösungen zu erarbeiten. Eine neue Richtung vorzugeben und nicht zurückzuschauen. Für neue Ideen sich öffnen und offenzubleiben. Stark steigende Preise, egal, ob für Energie oder Rohstoffe jeglicher Art erschrecken zuerst, später handelt man, und zwar konsequent. Im privaten Bereich kann man eine Menge tun, um Energie zu sparen.

Doch die stärkere Veränderung und Wirkung geht von großer Industrie und großen Ländern wie China aus. Dort einmal den Hebel richtig angesetzt, kann ein großes Wunder auslösen.

Lucas Wolf sagt: „Wünsche mir eine Welt, in der es sich zu leben lohnt.“ „Eine Welt voller Respekt vor dem Menschen, das Tier und die Umwelt.“ „Eine Welt wo Frieden nicht nur ein Wort ist, sonder der Frieden gelebt wird!“ „Wünsche mir vor allem für alle eine gute Welt.“

Hiermit endet dieses Thema.

Danksagung

Obwohl das Schreiben eines Buches häufig ein einsames Unterfangen darstellt, kommt, dennoch kein Autor ohne Hilfe aus. Jedes Mal, wenn eines meiner Bücher erscheint, stehe ich, als Autor im Vordergrund. Das ist nicht besonders, fair, weil es immer vieler Menschen, bedarf, die eine solche Publikation überhaupt erst ermöglichen. Das war natürlich auch bei mir der Fall. Und all die lieben Menschen, die mir während des Schreibens eine Hilfe gewesen sind, sollen hier eine besondere Erwähnung finden.
Zuerst richtet sich mein Dank an meinen Verlag BoD (Books on Demand). Dass überhaupt jemand bereit war zu veröffentlichen, dass von mir kreiert wurde,

ist fast ein kleines Wunder. Dafür vielen Dank und auch für das offene Ohr und, die motivierenden Worte, wenn ich mal wieder vor einem leeren Blatt saß und nicht weiter wusste. Danke für die Mühe und die Geduld, mein sehr geschätzter Verlag (BoD).

Und selbstverständlich geht mein Dank auch an meine Familie, meinen Eltern, meinem Bruder und meinen drei Schwestern. Die mir immer die Kraft und die Zeit gaben, mich meinem Buchprojekt zu widmen. Ohne euch würde ich, das niemals geschafft haben können.

Keinen geringen Anteil an der Fertigstellung haben auch: Eva (P.) Wolfgang (S).
Immer wenn ich kurz davor war alles hinzuwerfen, habt ihr mich wieder aufgebaut und zum Weitermachen ermutigt.

Einen großen Dank auch an meine Leser und den zukünftigen Lesern, ihr seid mit ein Grund dafür, warum ich schreibe.

Vielen Dank an alle, auch an, die nicht namentlich erwähnt wurden. Ich weiß das sehr zu schätzen. Danke.

Literaturverzeichnis

Eigene Geschichte

Internet

KFW

Impressum

Autor: J.R. Lucas Wolf
E-Mail: gladbachdon@gmail.com
Herstellung und Verlag: BoD – Books on Demand, Norderstedt
E-Book ISBN:
Paperback ISBN: 9783756820757
Printed: In Germany